林业草原科普读本

中国自然保护地 II

国家林业和草原局自然保护地管理司
国家林业和草原局宣传中心 编

中国林业出版社
China Forestry Publishing House

图书在版编目（CIP）数据

中国自然保护地Ⅱ／国家林业和草原局自然保护地
管理司，国家林业和草原局宣传中心编.—北京：中国
林业出版社，2021.11（2023.10重印）
ISBN 978-7-5219-1374-3

Ⅰ.①中… Ⅱ.①国… Ⅲ.①自然保护区—中国—普
及读物 Ⅳ.① S759.992-49

中国版本图书馆 CIP 数据核字（2021）第 198287 号

责任编辑：何 蕊 许 凯
执　　笔：张志光 袁丽莉
装帧设计：五色空间
中国自然保护地Ⅱ
Zhongguo Ziran Baohudi Ⅱ

出版发行　中国林业出版社
　　　　　（100009，北京市西城区刘海胡同7号，电话：83143580）
电子邮箱：cfphzbs@163.com
网　　址：www.forestry.gov.cn/lycb.html
印　　刷：河北京平诚乾印刷有限公司
版　　次：2023 年 2 月第 1 版
印　　次：2023 年 10 月第 2 次印刷
开　　本：787mm×1092mm　1/32
印　　张：4.25
字　　数：80 千字
定　　价：35.00 元

中国是世界上生物多样性最丰富的国家之一，是世界上唯一具备几乎所有生态系统类型的国家。丰富的生物多样性不仅是大自然馈赠给中国的宝贵财富，也是全世界人民的共同财富。

党的十九大之后，中国特色社会主义新时代树立起了生态文明建设的里程碑，把"美丽中国"从单纯对自然环境的关注，提升到人类命运共同体理念的高度，将建设生态文明提升为"千年大计"。"人与自然是生命共同体，人类必须尊重自然、顺应自然、保护自然""像对待生命一样对待生态环境""生态文明建设功在当代、利在千秋"等价值观引领思潮，构筑尊崇自然、绿色发展的生态文明体系逐渐成为人们的共识。

十九届五中全会明确要坚持"绿水青山就是金山银山"理念，坚持尊重自然、顺应自然、保护自然，坚持节约优先、保护优先、自然恢复为主，守住自然生态安全边界。为了让更多人了解中国生态保护所做的努力，使生态保护、人与自然和谐共生的理念深入人心，国家林业和草原局宣传中心组织编写了"林业草原科普读本"，包括《中国国家公园》《中国草原》《中国自然保护地》《中国湿地》《中国荒漠》等分册。

《中国自然保护地Ⅱ》主要介绍了地质公园的定义、发展、意义，以及10个有代表性的地质公园的基本情况。在每一章节的结尾，以问答的形式对核心知识点进行了梳理与注释。

自然保护地是生态建设的核心载体，是中华民族的宝贵财富，是美丽中国的重要象征，在维护国家生态安全中居于首要地位。建立自然保护地，有利于维护人与自然和谐共生并永续发展。希望通过这本书，大家可以开启一段具有中国特色的自然保护地之旅。

编者

2021 年 9 月

▲ 黄山地质公园——花岗岩地质地貌

目 录 CONTENTS

▲ 乐业大石围天坑群国家地质公园

雁荡山国家地质公园——合掌峰

第一章
带你认识地质公园

地质遗迹是生态文明建设的重要载体。国家地质公园、省级地质公园、国家矿山公园……近年来，我国已初步建立了遍及全国的地质公园体系。但与其他自然保护地相比，地质公园似乎显得"低调"了许多，可能是地质学知识稍有难度，不经过充分的"预习"很难体会到地质遗迹的浪漫悠远。没有关系，可以从现在学起。通过阅读第一章的内容，你就能很轻松地了解什么是地质公园，建立地质公园有什么意义，中国地质公园是如何发展的。让我们开始吧！

01 什么是地质公园

　　在了解什么是地质公园前，我们先了解下"地质"的概念。

　　什么是地质呢？地质泛指地球的性质和特征，主要是指地球的物质组成、结构、构造、发育历史等，包括地球的圈层分异、物理性质、化学性质、岩石性质、矿物成分、岩层和岩体的产出状态、接触关系、地球的构造发育史、生物进化史、气候变迁史，以及矿产资源的赋存状况和分布规律等。

　　大家熟知的"寒武纪""奥陶纪""志留纪"等

◎陕西延川黄河蛇曲国家地质公园

充满了遥远想象的词汇，其实就是专业的地质学概念。我们生活在这颗蔚蓝色的星球上，总是会对地球

◎陕西延川黄河蛇曲国家地质公园

的发展充满想象。人在不断成长，地球也不是一成不变的。每一粒砂石，每一种地貌，都是地球无声的语言，在默默地记录着时间留下的故事。

地球在漫长的地质历史演变过程中，由于内外力的地质作用，形成了千姿百态的地貌景观、地层剖

天柱山国家地质公园——天柱云海

面、地质构造、古人类遗址、古生物化石、矿物、矿床、水体和地质灾害遗迹等，其中具有独特性和典型价值的，便成为人类所关注的地质遗迹。

如何让人们都看到这些充满大自然鬼斧神工的地质遗迹呢？当然是要保护并管理起来。于是，地质公

▲ 陕西延川黄河蛇曲国家地质公园

园应运而生。

地质公园是以具有特殊的地质科学意义、稀有的自然属性、较高的美学观赏价值、一定规模和分布范围的地质遗迹景观为主体，融合其他自然景观与人文景观而构成的一种特殊的自然区域。

地质公园的核心为地质遗迹。地质遗迹是地球漫长演化过程中形成的典型地质现象，凝结了大自然亿

黄冈大别山国家地质公园——哲人峰

万年的神奇造化，记载着丰富的地球历史实物信息，对研究地球演化、生命起源、地理环境变迁、矿产资源勘探和生物多样性等具有重要意义。

山水林田湖草是一个生命共同体，作为与人类关系最为密切、最重要的一类自然遗产——地质遗迹与其他自然要素共同组成了生态安全屏障，并成为生态文明建设的重要载体。

地质遗迹不仅是我们认识自然的窗口和解译地球演化的线索，更是珍贵的不可再生的自然遗产和独特资源，是我们全人类的共同财富。地质遗迹不可再生，一旦遭遇破坏，便难以恢复。所以地质遗迹保护工作，不仅是国家的责任，更是每个人的责任。

换一种角度去想，地质遗迹就是地球写给我们的一本日记，记录着地球与地球上的所有生物共同经历的星辰日月。某一次地壳的变动，某一次物种的灭绝，某一次灾害的发生……这些故事，我们不曾经历，却渴望了解。为这本"日记"包上一张好看又结实的"书皮"，这就是地质公园存在的意义。

⬢ 格尔木昆仑山国家地质公园——冰舌

▼ 陕西延川黄河蛇曲国家地质公园

一问一答

Q：什么是地质公园？

A：地质公园是以具有特殊的地质科学意义、稀有的自然属性、较高的美学观赏价值、一定规模和分布范围的地质遗迹景观为主体，融合其他自然景观与人文景观而构成的一种特殊的自然区域。

▲ 可可托海国家地质公园——神钟山

02 中国地质公园是如何发展的

  我国是世界上地质遗迹资源丰富、分布地域广阔、种类齐全的少数国家之一。多年来，我国在开展地质遗迹保护工作中，经历了从建立单一保护内容的地质遗迹自然保护区，到建立保护为主、适当利用的地质公园的发展过程。每一步，都有无数地质工作者

为之不断尝试与努力。想了解中国地质公园的发展，就要从 1980 年说起。

● 第一阶段　建立单一的地质遗迹自然保护区

1980 年，我国建立了首批自然遗迹类保护区——山旺古生物化石自然保护区、长兴地质遗迹自然保护区和五大连池自然保护区。其中，长兴地质遗迹自然保护区是第一个地质遗迹类型自然保护区。

⬇ 敦煌雅丹国家地质公园——西海舰队（垄岗状雅丹）

1984 年，天津蓟县中、上元古界地层剖面被列为中国第一个地质类国家级自然保护区。

1987 年，地质矿产部印发《关于建立地质自然保护区规定（试行）的通知》，正式对保护地质遗迹作出规定，并开始建立第一批独立的地质自然保护区。

● 第二阶段 建立保护为主、适当利用的地质公园

1995 年，地质矿产部发布《地质遗迹保护管理规定》，在明确建立地质遗迹类自然保护区的同时，提出了建立地质公园作为地质遗迹保护的一种方式。

1999 年，国土资源部在山东威海召开"全国地质地貌保护会议"，通过未来十年的地质遗迹保护规划，同时，决定建立中国国家地质公园。

阿尔山火山国家地质公园——天池银链

⛰ 阿拉善沙漠地质公园——巴丹吉林沙漠湖泊（庙海子）

　　2000 年，正式开始实施"国家地质公园计划"。国土资源部印发《关于国家地质遗迹（地质公园）领导机构及人员组成的通知》，成立了"国家地质遗迹（地质公园）评审委员会"，同年印发《关于申报国家地质公园的通知》，对国家地质公园的条件和要求、申请程序和申报材料、评审要求和标准等都作出了具体规定。

　　2001 年，国土资源部正式批准建立首批 11 个国家地质公园——石林国家地质公园、张家界砂岩峰林国家地质公园、嵩山国家地质公园、庐山国家地质公园、澄江动物群国家地质公园、五大连池火山国家地质公园、自贡恐龙国家地质公园、漳州滨海火山国家地质公园、翠华山国家地质公园、龙门山国家地质公园、龙虎山国家地质公园。

2009年，国土资源部印发《关于加强国家地质公园申报审批工作的通知》，开始对国家地质公园申报审批制度进行改革，实行了先授予资格再批准命名的申报审批方式。

2018年，中共中央印发《深化党和国家机构改革方案》，地质公园与相关部门自然保护地的管理职能划转到新组建的国家林业和草原局统一管理。

2019年，中共中央办公厅、国务院办公厅印发《关于建立以国家公园为主体的自然保护地体系的指导意见》，地质公园成为自然公园的一种重要类型，纳入以国家公园为主体的自然保护地体系。

从建立单一保护内容的地质遗迹自然保护区，到建立保护为主、适当利用的地质公园，地质公园作为一种新的资源利用方式，在保护地质遗迹与生态环境、推动地质科学研究与知识普及、提高全民科学文化素质、提升国际交流深度与讲好美丽中国故事等方面显现出巨大的综合效益。

为了积极响应联合国教科文组织建立"世界地质公园网络体系"倡议，我国从2003年起开始申报和创建世界地质公园。第一届世界地质公园大会于2004年在北京举行，并由中国的8个地质公园与欧洲7个国家的17个地质公园共同创建了世界地质公园网络。在我国的积极参与和推动下，2015年联合国教科文组织第38届大会批准了"国际地球科学与地质公园计划"，作为一项重要的政府间合作计划。至此，世界地质公园与联合国教科文组织旗下另两个品牌（世界遗产、人与生物圈保护区）形成了一个有机整体，成为教科文组织自然科学领域的三大旗舰项目，最终覆盖了完整的全球资源保护网络，既保护了世界文化、生物和地质多样性，又促进了经济可持续发展。

数字是冰冷的，但故事是鲜活的。每一个重要时间节点的推动，都代表中国地质遗迹保护工作又取得了一次重要的进步。梳理完这个简单的时间线，相信大家一定会对中国地质公园的发展有了更清晰的认知。

⊙ 三清山国家地质公园——女神峰

 一问一答

Q：2001年首批国家地质公园有多少个？分别是什么？

 A：共11个，分别是石林国家地质公园、张家界砂岩峰林国家地质公园、嵩山国家地质公园、庐山国家地质公园、澄江动物群国家地质公园、五大连池火山国家地质公园、自贡恐龙国家地质公园、漳州滨海火山国家地质公园、翠华山国家地质公园、龙门山国家地质公园、龙虎山国家地质公园。

△ 织金洞地质公园——石笋

03 中国地质公园现在是什么样的

　　我国是世界上最早提出并最先由政府部门组织建立国家地质公园的国家，也是全球建立地质公园最早的国家之一。

◎ 宜川黄河壶口瀑布国家地质公园

2000 年起，正式在全国组织实施国家地质公园计划。随后，陆续制定并出台了一系列地质公园技术性和规范性文件，极大地促进了地质公园事业的发展。

多年来，我国政府一贯秉持保护优先、节约集约利用资源的基本国策，以习近平新时代中国特色社会主义思想为指导，认真贯彻落实习近平总书记提出的"生态优先、绿色发展""绿水青山就是金山银

🔺 沂蒙山地质公园——"岱崮地貌"命名地

山""山水林田湖草是一个生命共同体"等新理念新要求，从地质遗迹保护领域积极推进生态文明建设，通过多年实践与探索，以世界地质公园建设为精品项目发挥示范带动和榜样引领，初步构建了一个类型齐全，遍及31个省、自治区、直辖市和香港特别行政区的全国地质公园体系。

全国600多个地质公园，见证了我国地质遗迹的

保护与发展，守护着这片国土上最珍贵的地球印记。这些为我国进一步建成具有中国特色的以国家公园为主体的自然保护地体系，奠定了良好的基础。

截至 2020 年底，我国已设立国家地质公园 281 处，省级地质公园 300 余处。同时，还拥有联合国教科文组织世界地质公园 41 处。

一问一答

Q：目前我国已设立的国家地质公园数量是多少？

A：281处。

▲ 王屋山国家地质公园游步道

04 建立地质公园有什么意义

地质公园的每一项工作，都与生态环境保护、人民群众生活改善和社会经济发展密切相关。目前，地质公园作为一种新的资源利用方式，在促进地方经济发展与解决群众就业、推动科学研究与知识普及、提升原有景区品位和基础设施、加强国际交流和提高全民素质等方面也日益显现出巨大的综合效益，充分彰显了地质公园的价值理念，为生态文明建设、地方文化传承及促进可持续发展做出了重要贡献。

⊙ 格尔木昆仑山国家地质公园主碑

△ 雷琼世界地质公园

● 保护地质遗迹是地质公园建设的首要任务

近年来，以地质公园建设为依托，地质遗迹保护工作取得了显著的成果。通过对地质公园范围内地质遗迹的调查、评价与建库，进一步摸清了资源家底，科学划定了地质遗迹保护级别和保护范围，建立了较为完善的监测和标示说明系统，一大批珍稀、重要地质遗迹得到有效保护，特别是世界地质公园保护了我国一批最具科学价值、最具代表性、最具观赏性的地质遗迹资源，这些珍贵的资源是美丽中国大好河山的精华。

云南石林蘑菇岩

同时，地质公园建设大大提高了社会公众对这些珍稀、不可再生性地质资源重要性的认识，使当地群众认识到了其显著的社会价值、经济价值和科学内涵，激发了其保护地质遗迹的自觉性，人为破坏地质遗迹的现象得到有效遏制，大多数人已开始自发主动地保护地质遗迹、保护自然环境。很明显，地质公园建设已成为地质遗迹保护的重要手段。

● 地质学科普也是地质公园的重要理念和一大亮点

目前，我国地质公园内建有地质博物馆（展示厅）近400个，建有地质广场280余个，设立地质

🔖 龙虎山地质公园科普长廊

科普解释牌 1.88 万余个。

利用文字、图片、标本、展板、模型、电子模拟、影视等声光电手段，全面、艺术、动态地展示公园地质演化过程、地质遗迹等相关地质学知识，向公众宣传普及地质知识，不仅成为地质遗迹保护与发展的重要渠道，也赋予了那些看似深奥的地质知识以生命，让这些地质遗迹"活起来"。

同时，我国每年还积极组织"世界地球日""环境日""土地日""博物馆日"等主题活动，并经常举办科普竞赛、巡回展览等特色科普活动，地质公园真正成了向公众传递地球科学知识的天然课堂。

⊙ 延庆地质博物馆

● 地质公园建设有力地促进资源优势向经济优势、产业优势的转化，取得了显著的经济、社会、生态效益

地质公园多数处于经济欠发达地区，基础设施落后，往往又缺少其他可发展经济的资源。因此，建立地质公园是促进贫穷山区人民脱贫致富的最佳途径，

◎ 云南石林中造型各异的岩石景观

也是拉动公园周边社区居民就业、促进地方经济发展的良好方式和重要载体，地质公园使当地政府和社区居民获得了宣传和提升自身的国家和世界级品牌，显著提升了原有景区品位。

地质旅游成了地方经济发展新的增长点，进一步稳固和拓展了国内外旅游市场，大大推动了区域产业

🏔 大理苍山国家地质公园科普活动

发展，带动了当地基础设施建设和科普文化设施的改善，很好地发掘、保护、传承、宣扬了当地的文化、风俗，有力促进了当地与国内外的交流，有效助推了精准扶贫。

据不完全统计，目前我国地质公园旅游业直接和间接从业人员分别达 46 万人和 258 万人，围绕地质公园发展起来的各类宾馆、餐馆、农家乐、客栈等餐饮住宿点达 2.3 万余个，新开发与公园相关的旅游产品 700 余种，年接待游客达 4.99 亿人次。

● 地质公园建设为主动融入世界、拓宽国际交流合作渠道、促进国际交流与合作做出了突出贡献

经过 20 年的探索实践，我国基本形成了"政府

主导、社会广泛参与"的地质公园发展模式，并初步构建了中国特色地质公园建设发展体系，这目前在国际上是独一无二的，中国在世界地质公园领域始终走在前列。

自 2016 年以来，世界地质公园网络先后为建设管理成就突出的 7 处世界地质公园颁发了"世界地质公园最佳实践奖"，其中 3 处是中国的世界地质公园。

中国世界地质公园为保护美丽地球、参与全球资源环境治理以及助力联合国 2030 可持续目标的实现做出了积极贡献，发挥着重要的引领作用。世界地质公园里的"中国故事"传遍世界，这也充分对外展现出中国强大高效的治理能力、独特的制度优势及自信。

另一方面，中国世界地质公园也促进了国际人才交流与合作。多年来，通过世界地质公园建设，我国积极培养和对外输送人才，广泛参与国际交流合作，先后有数位优秀的科学家和专家先后在地质公园国际组织中担任要职，积极建言献策，贡献智慧和力量，一批中青年专家和管理者陆续走向国际舞台，受联合国教科文组织委派执行境外世界地质公园评估任务累计近 80 批次，获得了充分认可，赢得了广泛赞誉。

一问一答

Q：中国地质公园的发展取得了哪些成效？

A：保护了地质遗迹；推动了地学科普；取得了经济、社会、生态效益；促进了国际交流与合作。

第二章
带你探索地质公园

　　"石头有什么好看的？地质公园有什么好玩的？"在提及地质公园的时候，许多人都有这样的疑问，觉得地质公园就只是一堆冷冰冰的岩石砂砾。但相信通过第一章的内容，大家对什么是地质公园和中国地质公园的发展有了一定的了解，也会对地质学产生些许兴趣。第二章让我们一起走进 10 个国家地质公园，去了解每个地质公园的地质遗迹类型，以及掩埋在沧海桑田中的地质故事。

01 云南石林国家地质公园

群石如剑，气势如虹，是大自然的鬼斧神工，造就了云南石林的奇丽景色。置身于石林之中，举目四望，天空仿佛被"剑锋"割裂，历史的沧桑感油然而生。1991 年发行的国库券，背后的图案就是云南石林。

▽ 云南石林国家地质公园湿地

　　云南石林国家地质公园位于云南省昆明市石林彝族自治县境内，面积约 350 平方千米，主要地质遗迹类型为地表岩溶地质地貌。园区内发育有最为多样的石林喀斯特地貌。石林形态类型有剑状、刃脊状、蘑菇状、塔状等，特别是连片出现的高达 20~50 米的石柱群，远望如树林，人们"望物生义"称之为"石林"。石林地貌造型优美，拟人拟物，在美学上达到了极高的境界，被誉为"天下奇观"。

▼ 石林秋景

这般神奇的地质遗迹是如何形成的呢？这就要追溯到遥远的二叠纪时期。二叠纪是古生代（开始于距今约5.42亿年，结束于距今约2.51亿年）的最后一个纪，开始时间距今约2.99亿年，地壳运动比较活跃，陆地面积扩大，海洋范围缩小。二叠纪时期，这里是滨海—浅海环境，沉积了上千米的石灰岩、白云岩，为形成本区石林地貌奠定了基础。经历后期地壳

运动的抬升作用成为陆地，多次遭受地下水、地表水对岩石裂隙的溶蚀，最后形成了组合类型多样的石林地貌景观。

　　云南石林国家地质公园内，除了有令人叹为观止的地质遗迹，还充满了浓郁的彝族风情。彝族人民能歌善舞，热情好客，与石林地貌相融合形成了天人合一的和谐美景。

❤ 万古石林

一问一答

Q：云南石林国家地质公园的主要地质遗迹类型是什么？

A：岩溶地质地貌。

石林胜景——剑状喀斯特

石林

02 湖南张家界砂岩峰林国家地质公园

奇峰异石，溪绕云谷，绝壁生烟，这大概就是每个人去完湖南张家界砂岩峰林国家地质公园后的感想吧。这里有峻山，有洞穴，有瀑布，仿佛要一下子把所有的美丽都集齐，再一股脑地全塞给你，让你再也忘不了属于这里独有的壮观景象。

砂岩峰林国家地质公园位于湖南省张家界市武陵源区，面积约 490.45 平方千米。主要地质遗迹类型为砂岩峰林地貌、岩溶洞穴，由张家界、索溪峪、天子山、杨家界四个主要景区和黄龙洞等组成。论其中景色，当属峰林与洞穴最为壮观。

🔺 宝峰湖

　　张家界武陵源砂岩峰林发育于泥盆系云台观组和黄家蹬组，由于岩层产状平缓，垂直节理发育，受后期地壳运动抬升、重力崩塌及雨水冲刷等内外地质动力作用的影响，形成了举世罕见的地貌景观。园区内有 3000 余座拔地而起的石崖，其中高度超过 200 米的有 1000 余座，金鞭岩高达 350 米，石峰形态各异，优美壮观。

　　说完峰林，再说说洞穴。公园内的岩溶洞穴地貌发育，形态多样，溶洞以黄龙洞最为典型。据专家考证，大约 3.8 亿年前，黄龙洞所在的地区是一片汪洋

张家界砂岩峰林

大海，沉积了可溶性强的石灰岩和白云岩地层。直到6500万年前地壳抬升，在漫长年代里开始孕育洞穴，经过长期的水流和岩溶作用，才形成了今日的地下奇观。漫步其中，仿若探险，不知洞穴尽头是否也藏着一个"桃花源"呢？

▼黄龙洞

　　公园及其外围地区人类活动历史悠久，古遗迹、古遗址分布广泛。在"云台村遗址"距地表 1.5 米的第四纪土层内采集到很多石器、石核等，皆为砺石原料，体现了从旧石器到新石器时期文化的延续。"朱家古商周遗址""白公城""西汉至南北朝遗址以及战

△ 迷魂台

国石壁""战国铜剑""唐代铜剑""唐代铜塑""云朝山金顶佛殿"等一大批古庙、古建筑，更是令人神往。

　　除此之外，园区还分布着茂密的森林，有银杏、珙桐、红豆杉、鹅掌楸等珍稀植物，也是植物爱好者不容错过的自然保护地。

一问一答

Q：砂岩峰林国家地质公园的主要地质遗迹类
型是什么？由哪几个景区组成？

A：主要地质遗迹类型为砂岩峰林地貌、岩溶洞
穴，由张家界、索溪峪、天子山、杨家界四个
主要景区和黄龙洞等组成。

▲ 峰柱、金鞭溪

03 河南嵩山国家地质公园

嵩山东西横亘 60 多千米，气势磅礴，连绵不绝。20 多亿年前，当亚洲板块还沉浸在浩瀚的汪洋大海深处时，嵩山便已横空出世。这般想来，是多么奇妙的事情。来到嵩山国家地质公园，沧海桑田，蜉蝣天地，不得不感叹造物的神奇。

河南嵩山国家地质公园位于河南省郑州市登封市境内，面积约 264.3 平方千米，是以地质构造为主，以地质地貌、水体景观为辅，以生态和人文相互辉映为特色的综合性地质公园。

公园范围内，连续完整地出露了太古宙、元古宙、古生宙、中生代和新生代 5 个地质历史时期的地层，地层层序清楚，构造形迹典型，被地质界称为"五代同堂"，是一部完整的地球历史"石书"。

这里的地质遗迹清晰地保存着发生于距今 25 亿年、18 亿年、5.43 亿年三次前寒武纪地壳运动所形成的角度不整合界面，构造形态极其典型。这三次运动被地质学家命名为嵩阳运动、中岳运动和少林运

石英常石梯

动。1950 年，地质学家张伯声在登封嵩岳寺塔西南山沟中发现了片麻岩与石英岩之间的不整合接触关系，随即命名为"嵩阳运动"；1954 年，地质学家张尔道把五佛山一带分布的轻微变质或不变质岩层称为五佛山系，并把五佛山系与石英岩之间的不整合接触命名为"中岳运动"；1960 年，地质学家王日伦发表了论文《嵩山地质观察》，在证实嵩阳运动、中岳运动的同时，把五佛山系与寒武系之间的不整合接触命名为"少林运动"。

○ 嵩山连天峰

联合国教科文组织的专家在对嵩山地质景观考察后，曾激动万分地说："嵩山不仅拥有全球罕见的五世同堂地质现象，还融合了地球的历史和文化，真是太奇妙了，全世界的人都期待来此参观。"

是的，除了记录时间的神奇地质构造，嵩山还是我国著名的"五岳"之一——中岳，人文景观众多，是历史上佛、儒、道三教荟萃之地，和珍稀的地质遗迹相融合，构成了立体、多层次、多功能的嵩山世界地质公园景观。

"少林运动"不整合界面

一问一答

Q：在河南嵩山国家地质公园中，距今25亿年、18亿年、5.43亿年的三次前寒武纪地壳运动所形成的角度不整合界面，是如何被命名的？

A：嵩阳运动于1950年被地质学家张伯声命名；中岳运动于1954年被地质学家张尔道命名；少林运动于1960年被地质学家王日伦命名。

▲ 蒿阳运动

04 江西庐山国家地质公园

春如梦，夏如滴，秋如醉，冬如玉。这句话形容的就是庐山的四季风景，美不胜收。早在6000年前的新石器晚期，庐山麓便有人类活动。上古时期，大禹治水就曾到过庐山。春秋时期，老子也游览过庐山。秦始皇、汉武帝也曾先后"浮江而下"登临。此后，历代的高士不断来到庐山，庐山逐渐成了隐逸之士遁世离俗的理想家园。除了丰富的人文景观，庐山的地质地貌也独具特色。

◎ 含鄱岭冰川刃脊

江西庐山国家地质公园位于江西省九江市境内，面积约 291.56 平方千米，是目前中国唯一同时拥有"世界文化景观"和"世界地质公园"荣誉称号的世界级名山。以典型的中国大陆东部山地第四纪冰川活动遗迹、地垒式断块山构造和变质核杂岩构造遗迹、独特的多成因复合地貌景观遗迹著称。

到过庐山的人会发现，庐山的岩石大多是由细颗粒石子组成的，这些细颗粒石子主要是晶莹剔透的石英石，好像是海里的沙子胶结成的石块。没错，这就是砂岩，形成于 8 亿年前的海洋环境。那时候的庐山地区还是浅海，海沙经历沉积、胶结作用，再经过数亿年的地质作用，形成了巨厚而坚硬的砂岩。距今 2 亿年的时候，地球变得活跃起来，地壳深处灼热的岩浆寻找着地壳的裂隙，不断地沿着裂隙蜂拥而上，却

天桥冰瀑口

69

被厚实而又坚硬的砂岩压住了。热岩浆虽然没能钻到地表，却把厚厚的砂岩地层顶得高高的，形成了巍峨的庐山。直到 2000 万年前，这股热岩浆才停止涌动，逐渐冷却，变成了花岗岩。

庐山的周边地区，如五老峰、龙首岩、仙人洞等地方，可以看到陡峭悬崖，那就是庐山被顶托起来的结果。庐山与周边的地层原来是连在一起的，在被顶起来的时候，与四周的地层发生了断裂，没顶起来的地方，砂岩还深埋在地底下，因此，庐山也被称为断块山、断层山、断裂山。

◎ 王家坡冰川 U 形谷

距今 300 万年的时候，地球变得寒冷起来，进入了第四纪冰期时代。在重力作用下，庐山顶部积雪不断向下滑动，形成冰川。冰川像河流一样，慢慢流向庐山四周，产生了剥蚀作用。冰川流经的路径形成了冰谷，冰川的源头形成了许多冰斗、悬谷、角峰等特殊地貌。于是，庐山逐渐变成了我们现在看到的模样。

庐山经历沧海桑田的漫长时光，给我们留下了无限风光，也给我们展现了丰富的地质学知识。这里，风景秀丽，森林茂密，飞流、峡谷、山峰、瀑泉齐备，历史文化丰富，相信每个人都能在这里找到属于自己的"理想家园"。

一问一答

Q：目前中国唯一同时拥有"世界文化景观"
和"世界地质公园"荣誉称号的是哪个地
质公园？

A：江西庐山国家地质公园。

▲三叠泉

▼ 五老峰

05 黑龙江五大连池火山国家地质公园

一条蜿蜒曲折的河流，宛如一条蓝色的丝带；五个波光潋滟的湖泊，宛如五颗晶莹剔透的宝石。丝带从宝石中缓缓穿过，仿佛为青山戴上一串优雅的项链。这美丽温柔的景色，就是黑龙江五大连池火山国家地质公园。

♥ 老黑山

　　五大连池火山国家地质公园位于黑龙江省黑河市五大连池市，距离市区 18 千米，地处小兴安岭山地向松嫩平原的过渡地带，面积约 690 平方千米，主要地质遗迹类型为火山地质地貌。五大连池是中国境内保存最完整、最典型、年代最新的火山群，享有"天然的火山博物馆"之美誉，2001 年被批准为国家地质公园，2004 年入选世界地质公园。

绳状熔岩

200 多万年来，五大连池地区先后喷发形成了 14 座火山。其中，火烧山是最年轻的一座火山，喷发历史距今不到 300 年。但正是这座年轻的火山的爆发，对于我国第二大火山堰塞湖——五大连池的形成功不可没。火烧山被称为永不沉没的火山，是因为火山锥体由大量的浮石构成，含有大量气孔，可以漂浮在水面上。因此，人们将浮石满山的火烧山称为

⊙ 龙门石寨

"漂浮在石海之上永不沉没的火山"。

　　这里有5个火山堰塞湖、14座新老期火山、多处自涌冷矿泉、大面积熔岩台地，以及1500余座举世罕见的喷气锥碟等熔岩微地貌景观。山川辉映，水火交融，物种丰富，生态完好，构成了五大连池世界级地质旅游资源和康疗养生资源。

🔺 火山堰塞湖——三池

你也许没来过这里，但肯定听说过五大连池的水。每天从清晨开始，在五大连池火山国家地质公园的街口，提着暖壶接水的人络绎不绝。五大连池的矿泉与法国的维希泉、俄罗斯的北高加索泉并称为世界

三大冷矿泉，被称为"水中的钻石"。水中含有大量的二氧化碳气体，占所含气体体积的90%以上，还含有大量的矿物质和微量元素，很容易被人体吸收。如果你有机会来黑龙江，可千万不要错过。

一问一答

Q：五大连池火山国家地质公园内有几座火山？最年轻的火山叫什么？

A：共有 14 座火山，火烧山是最年轻的火山。

石河奔流

06 四川自贡恐龙国家地质公园

虽然恐龙化石已经在地球上存在了数千万年，但直到 19 世纪，人们才知道地球上曾经有这么奇特的动物存在过。随着《侏罗纪公园》《冰川时代》《你看起来很好吃》《恐龙》等电影的热映，越来越多的成人和儿童对恐龙产生了浓厚的兴趣。但说出来你可能

▽ 举世瞩目的侏罗纪恐龙化石

不信，中国也是名副其实的"恐龙大户"呢。如果你有机会去四川，除了看熊猫，还可以去看看恐龙化石。

四川自贡恐龙国家地质公园位于有"千年盐都、恐龙之乡、南国灯城"美称的四川省自贡市，面积约8.7平方千米，盛产中侏罗世恐龙及其他脊椎动物化石。2008年，四川自贡恐龙国家地质公园被联合国教科文组织正式批准加入世界地质公园网络。

公园以闻名遐迩的中侏罗世恐龙化石遗迹和历史

▲ 杪椤谷四方井

悠久的井盐遗址为特色，辅以有"活化石"之称的桫椤植物群落，并融合自贡厚重的历史文化，是一个集科学研究、科普教育、观光游览和休闲度假等多功能为一体，具有丰富科学内涵、浓郁地方特色、浓厚文化气息和优雅美学观赏价值的地质公园。

在已发掘的 2800 平方米范围内共发现 200 多个个体的上万件骨骼化石。其中有恐龙及鱼类、两栖类、龟鳖类、鳄类、翼龙类、似哺乳爬行类等 18 个属 21 个种，其中 20 个种为新种。由于化石埋藏集中、数量多、门类全、保存好，且由于其产出时代为中侏罗世，从而也填补了恐龙演化史上这一时期恐龙

◑ 恐龙博物馆中央大厅

化石材料匮乏的空白，因此是世界上最重要的恐龙化石遗址之一，有重大的科学价值。

与其毗邻的世界最早的采盐深井，被称作井盐科技"活化石"，其所展示的中国古代钻凿工艺技术也令人叹为观止。著名的盐业遗址——燊海井，是运用简易材料和高超的钻井技术凿成的世界第一口超千米深井，它不仅是中国古代钻井工艺成熟的重要标志，也是世界科技史上的重要里程碑。

此外，众多的历史文化资源，会馆寺庙、古塔牌坊、古镇老街、摩崖造像等也凝聚了自贡人民的聪明才智，具有极高的观赏价值和历史、文化、科学价值。

一问一答

Q：四川自贡恐龙国家地质公园有哪些主要
特色？

 A：中侏罗世恐龙化石遗迹，井盐遗址，桫椤植
物群落。

▲大山铺恐龙化石群发掘现场

07 陕西翠华山国家地质公园

"山崩地裂"这个词听起来似乎有点可怕，但它其实就是一种地质现象，甚至我们还可以在地质公园见到山崩地裂发生后留下的痕迹。陕西翠华山国家地质公园就以山崩地貌闻名。山崩湖光、奇石异洞，气势蓬勃的天崩地裂壮景，引人入胜。有诗曰："终南毓秀太乙钟灵，始悟翠华招汉武；冰洞垂凌龙湫池玉，应知胜景在长安。"

陕西翠华山国家地质公园地处陕西省西安市南30千米处的秦岭北麓，面积约32平方千米，主要地质遗迹类型为山崩地质遗迹。其山崩地貌类型之全、

⊙ 陕西翠华山国家地质公园

◎ 崩塌堆积地质遗迹景观

▽ 王顺山景区广泛分布的峰岭

保存之完整典型，为国内罕见，堪称"山崩地质博物馆"。在这里，人们可以看到山崩形成的各种地貌，并进而追溯这些地貌的形成过程，在追溯的过程中，人们便能明了现在的地貌是如何在地球内力与外力的交织作用下缓慢而显著地改变的。

第四纪冰川遗迹——冰斗湖（大爷海）

　　陕西翠华山国家地质公园不但在研究秦岭和关中平原形成历史、在研究山崩地质作用类型上有重大的科学价值，而且由于园区内环境幽、奇、险、奥，从而有重要的旅游价值、科普功能和地质遗迹保护价值。

一问一答

Q：陕西翠华山国家地质公园的地质遗迹类型
是什么？

A：山崩地质遗迹。

翡翠湖

08 福建漳州滨海火山国家地质公园

　　蓝天，碧海，沙滩，绿林，你敢相信这不是度假区，而是地质公园？若是细数哪个地质公园风景最宜人，那漳州滨海火山国家地质公园一定会排在前列。

　　漳州滨海火山国家地质公园位于福建省漳州市漳浦县、龙海县滨海地带，面积约 61.34 平方千米，主

◎ 火山"龙脉"

要地质遗迹类型为火山地质地貌。2001 年，被批准为首批国家地质公园。

园区内保留了典型的第三纪中心式火山喷发构造形迹和后期风化侵蚀的地形地貌景观，以四种世界罕见的火山地质遗迹为代表，即南碇岛的柱状玄武岩、古火山口、串珠状的火山喷气口群和玄武岩的西瓜皮构造，是一座天然的火山地质博物馆，具有极高的观赏性、科普性和趣味性。

🔺朝阳下的火山喷气口

具有代表性的古火山口，以喷发机理完整、层次清楚、保存完整而闻名国内外，历经 15 次喷发，总厚度为 178.5 米。现在也可以观察到第三世中段上部的最后三次喷发物，距今已有 2460 万年。古火山口形状似一个朝天的椭圆形喇叭口，开口处顶端直径 50 米，底部深 3 米，潮涨水淹，潮退口现。在古火山口及周围 0.7 平方千米的范围内，火山颈、火山口、喷发相、溢处相等火山活动的形迹十分完整和清

○ 南碇岛

晰，地表上由岩浆形成的六方柱状节理玄武岩，以及西瓜状、流纹状、枕状节理玄武岩，呈奇特壮丽的景观。具有地质构造、火山学、古地理地震、大地构造等多学科的科研价值。

　　漳州滨海火山国家地质公园衬托在蓝天、碧海、沙滩、绿林之中，集观光旅游、休闲度假、海上娱乐、寻奇探险、科学研究、科普教育为一体，在众多地质公园中也别具特色。

▲ 林进屿航拍

一问一答

Q：漳州滨海火山国家地质公园有哪些具有代表性的火山地质遗迹？

A：以四种世界罕见的火山地质遗迹为代表，即南碇岛的柱状玄武岩、古火山口、串珠状的火山喷气口群和玄武岩的西瓜皮构造。

▲ 南碇岛玄武岩瀑布（柱状节理）

09 云南腾冲国家地质公园

在云南腾冲有一个神奇的地方，这个地方的火山活动还在继续，持续不断地在制造着热能。如果你对火山感兴趣，那一定不要错过云南腾冲国家地质公园。

云南腾冲国家地质公园位于云南省西南部的腾冲市和梁河县境内，面积约 201.68 平方千米，以古火

⊙柱状节理

山地质遗迹及相伴生的地热泉为特色。园区内的火山具有时代年轻、活动频繁、分布密集、种类较齐全和形成地质条件特殊的特征，地下岩浆至今仍在活动，为腾冲热泉提供源源不断的热能。

园区位于印度板块与欧亚板块两个大陆板块碰撞对接带东侧，区内以发育断裂构造、年轻的火山活动和强烈的地热显示为其特征。在经历了漫长的地质演化、多次岩浆喷发和多次构造旋回后，形成了集火山

▲ 火山群景观

群景观体系（火山锥、熔岩台地、火山口湖、火山堰塞湖、火山堰塞瀑布）、地热景观体系（喷气孔、冒气地面、热沸泉、喷泉妻气孔、热水泉华、泉石花）和矿泉景观体系（碳酸泉、硅酸泉）为一体的地质遗迹。

云南腾冲国家地质公园的地质遗迹规模和分布的密度居全国首位，景观类型繁多、具有独特优势。它不仅是一座火山博物馆，还是全国唯一的火山地热并存区。

◉ 柱状节理

🔺 硫磺滩

当然，园区内最为人们津津乐道的莫过于别具特色的"大滚锅"。大滚锅形如八卦，面积10平方米，深约1.5米，水温最高可达97℃。因为水温很高，即使把生鸡蛋扔进去，也可以很快煮熟。不可不谓神奇！

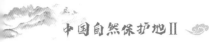

一问一答

Q：云南腾冲国家地质公园有什么地质特征?

A：以发育断裂构造、年轻的火山活动和强烈的地热显示为其特征。

火成岩

10 广东丹霞山国家地质公园

"色如渥丹，灿若明霞"，形容的便是丹霞山的瑰丽色彩。造型奇异的山峦，明亮轻快的色彩，一圈又一圈纵横的纹理，都让丹霞山显得格外与众不同。

广东丹霞山国家地质公园位于广东省韶关市仁化、曲江两县交界地带，面积约292平方千米。园区以红色陆相砂砾岩构成的丹霞地貌为特色。丹霞地貌是一种特殊的红层地貌，展现了地球上一种与众不

同的自然面貌。它的发育具有典型性、代表性、多样性和不可替代性。

　　丹霞山是"丹霞地貌"的命名地，位于南岭山脉南侧的一个山间盆地中，整体为红层峰林式结构，有大小石峰、石堡、石墙、石柱380余座，主峰巴寨海拔618米，大多数山峰在300~400米，高低参差，错落有致，形态各异。构成丹霞地貌的岩石是形成于7000万~9000万年前的晚白垩世红色河湖相砂砾岩。在约6500万年前，受构造运动的影响，本区产生许多断层和节理，同时使整个丹霞盆地变为剥蚀

巴寨——丹霞山最高峰

地区。

在约 2300 万年前开始的喜马拉雅运动，使得这片区域迅速抬升。在漫长的岁月中，间歇性的抬升作用将本地区塑造得秀丽多姿。整个山区保存着较好的亚热带常绿林，四季郁郁葱葱。

除此之外，园区内有寺庙建筑、摩崖石刻、碑刻、古山寨、岩庙、悬棺等文物古迹。第三次全国文物普查，发现该区有不可移动文物 74 处，其中古遗址 28 处、古墓葬 15 处、古建筑 10 处、石窟寺及石刻 10 处、近现代重要史迹及建筑 11 处。其中，锦石岩寺、别传禅寺、灵树禅寺建于悬崖峭壁之中；长老峰石刻、古山寨石刻等摩崖石刻属广东省级文物保护单位。还有夏富古村和张九龄故居等古迹。

🔵 阳元奇石

▲茶壶峰

一问一答

Q："丹霞地貌"是根据什么地方命名的？

A：丹霞山。

▲ 丹霞山锦江秀色

拍　　摄:（按姓氏笔画排序）

叶金涛　赵洪山　黄俊英　梁世昌

程胜利　魏运生

图片提供: 国家林业和草原局自然保护地管理司

相关地质公园